元氣超人 防衛隊檔案

元氣超人防衛隊的吉祥物

白色元氣超人 **泡泡狗**

除菌肥皂

隨身攜帶超會起泡泡的肥皂,用泡泡包住身上的病毒黨,再用龍頭俠的水沖掉。

祕密武器 **1**

髒兮兮雷達

能夠將眼睛看不到的病毒黨放大。

元氣超人防衛隊的神祕王牌

綠色元氣超人 **開心俠**

祕密武器 **1**

免疫控制手把

能操控人體內的「免疫小子」,共同打倒病毒黨。

終極祕密武器

? ? ? ?

看故事就知道了。

對抗病毒不能輸

即刻出動！元氣超人防衛隊

在環繞地球的「公共衛生星球」上，
住著一群正義使者。
他們是「元氣超人」，
他們守護地球上每個人的健康。

文‧圖／上田滋子　監修／岡田晴惠　翻譯／李彥樺　審訂／洪慧敏（兒童感染科醫師）

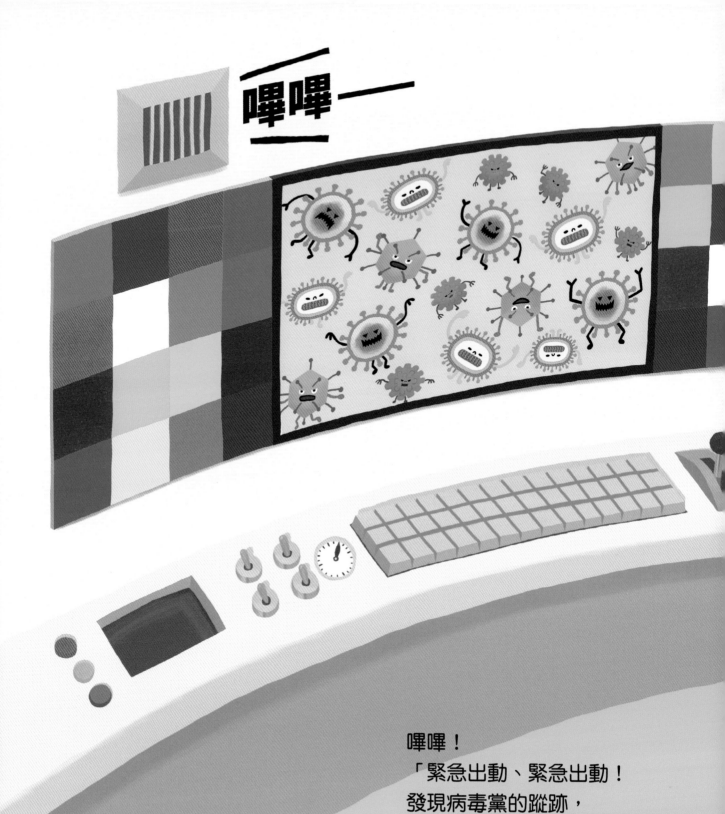

嗶嗶一

嗶嗶！
「緊急出動、緊急出動！
發現病毒黨的蹤跡，
元氣超人請即刻出動。」
祕密基地的警報器響起，
看來又有人類面臨健康危機了。

「事不宜遲，大家出發吧！」

等一下！「病毒黨」是什麼呢？

3

讓我來說明吧！
病毒黨是邪惡軍團的成員，體型非常迷你，迷你到肉眼看不見，會進到人類或其他動物的身體裡興風作浪，讓大家生病。
它們的目標是要讓病毒黨遍及世界各地。

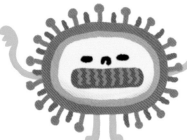

邪惡軍團
病毒黨
黨員介紹

流感病毒

最喜歡寒冷的地方，會從鼻子或嘴入侵到人類的身體裡，以驚人的速度增加同伴數量，有時還會使出非常可怕的「突變」絕招。

諾羅病毒

埋伏在便便和嘔吐物裡，如果手或食物不小心接觸到，就會經由嘴進入身體內。身體裡有諾羅病毒的人會出現上吐下瀉的症狀。

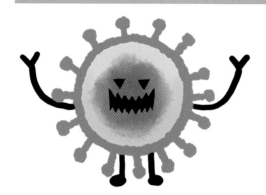

新冠病毒

藏在口水裡，擅長從一個人的身體移動到另一個人的身體裡。由於是新型的病毒，還有許多未解的祕密，是非常神祕的黨員。

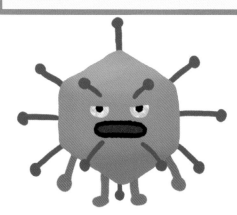

腺病毒

是種會跑到人類的眼睛裡，讓眼皮變得紅腫的黨員。腺病毒攻占的眼睛會又紅又癢，還會出現眼屎或流眼淚。

病毒黨的征服地球計畫

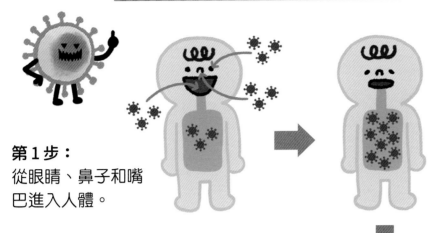

第1步：
從眼睛、鼻子和嘴巴進入人體。

第2步：
在身體裡的每個角落製造同伴。

\ 被病毒黨入侵後，會出現這些症狀 /

好痛……

噗！噗！

好不舒服……

咳嗽、打噴嚏

頭痛、發燒

腹瀉、嘔吐

眼睛充血、紅腫

在人類的身體裡複製同伴。

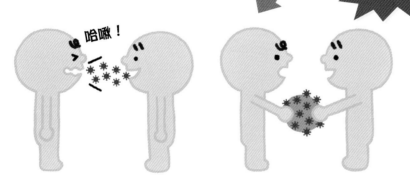

哈啾！

可惡！我們絕不能讓邪惡軍團得逞！

第3步：
增加的病毒黨會藉由咳嗽、噴嚏或摸過的東西，感染到另外一個人身上，好繼續複製自己的同伴。

最終目的：
造成大流行，讓病毒黨傳播至整個地球。

看似平靜的社區公園，
已經被邪惡軍團悄悄的攻占了。
只是病毒黨太小，人類眼睛看不見，
它們正等著孩子上門。
「嘻嘻嘻！只要孩子的手碰到我們，
就可以趁機進入身體裡，展開我們的計畫嘍！」

機會來了！
人類阿守帶著妹妹小愛到公園玩。
「哇！都沒有人吔！太棒了。」
啾——咚！
阿守從溜滑梯上滑下來……

糟糕！阿守的手沾到病毒了。
「嘿嘿！成功了！
我們趕快進入這孩子的身體裡吧！」

元氣超人登場，使出了祕密武器。
「阿守，不要碰自己的眼睛、鼻子和嘴巴！」

「咦！你、你們是誰？」
阿守嚇了一跳。
「問得好！」

阻隔俠

「我是紅色元氣超人阻隔俠！」
（擋住病毒黨）
「我是藍色元氣超人龍頭俠！」
（用水沖掉）
「汪汪！我是白色元氣超人泡泡狗！」
（看泡泡的厲害）
「我是綠色元氣超人開心俠！」
（最後的王牌）

龍頭俠

「我們是正義的化身……
**專門負責打擊病毒的——
元氣超人防衛隊！**」

開心俠

泡泡狗

「我們是為了保護你的健康而來這裡的。」

「阿守！你知道嗎？你的手上沾到好多病毒，
如果用手摸臉，這些病毒就會進到體內了唷！」

阿守聽元氣超人這麼說，嚇了一大跳！
「咦？可是我什麼也沒看見。」

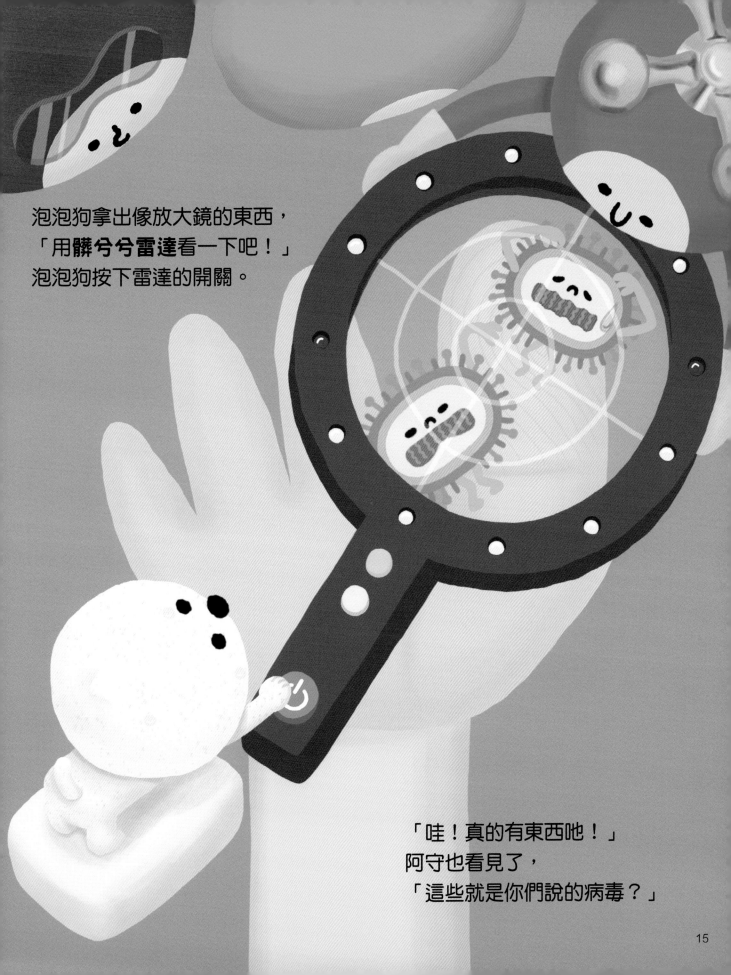

泡泡狗拿出像放大鏡的東西，
「用髒ㄈ ㄣ雷達看一下吧！」
泡泡狗按下雷達的開關。

「哇！真的有東西耶！」
阿守也看見了，
「這些就是你們說的病毒？」

「別擔心，交給我們來處理！」
龍頭俠說完，轉動一下頭上的旋柄，
從手掌噴出水將泡泡狗的**除菌肥皂**沾溼……
汪汪！起泡泡！汪汪！起泡泡！
泡泡狗快速搓揉肥皂，上頭出現了好多泡泡。
「阿守，把手伸出來！」

阿守的手上沾滿了肥皂泡泡，
接著用水沖掉，
病毒黨就跟著泡泡被沖走了。

可惡！

17

「你們看，我的手好乾淨！」
阿守伸出亮晶晶的雙手，高興極了。

「來，接下來輪到小愛洗手了！」
阿守坐在貓熊搖搖椅上，
等著妹妹把手洗乾淨。

＼啊！／

這時阿守的手上又沾到不同的病毒。
「我的眼睛還是好癢。」
一個不注意，阿守用手揉了眼睛。

不可以
＼揉眼睛──／

「嘻嘻嘻！
來不及了，
我們要攻占他的
身體嘍！」

19

「怎麼辦？我是不是要生病了？」
病毒黨已經進入阿守的身體裡，讓他好害怕。

阿守，不要擔心，我們還有免疫力可以對抗，
你身體裡面的**免疫小子**會把病毒黨打敗的。
只要平常有好好照顧自己的身體，
免疫小子就不會輸，
我也會用這個**免疫控制手把**和你並肩作戰！

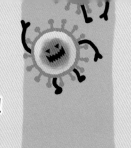

於是在阿守的身體裡，
免疫小子開始對抗病毒黨了！
「啟動**免疫控制手把！**」

HP（生命值）100%　　　　　　　HP

什麼是免疫小子？
免疫小子是存在於每
個人身體裡的好夥
伴，會幫我們對抗為
非作歹的病毒黨。

免

戰鬥開始！

阿守的
免疫小子 vs. **邪惡軍團**
病毒黨

阿守討厭吃胡蘿蔔……

 HP  HP

看我揮舞超強手刀！

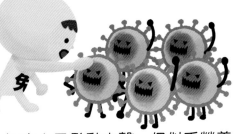

免疫小子發動攻擊，但似乎營養不夠，對病毒黨起不了作用。
（第一回合：失敗）

阿守每天晚上都乖乖睡覺。

 HP HP

神清氣爽護罩開啟！

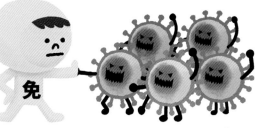

病毒黨發動攻擊，這回睡眠充足的免疫小子成功擋下了！
（第二回合：敵人開始損傷）

阿守最喜歡運動了！

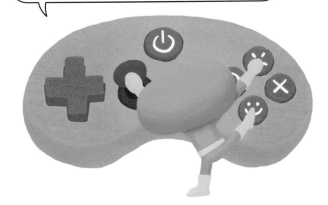

 HP HP

看我肌肉壯壯腳奮力一踢！

靈活的免疫小子發動最終攻擊，病毒黨兵敗如山倒！
（第三回合：勝利）

「用免疫小子拳給你們最後一擊！」
「嗚嗚……我們輸了！」
阿守體內的**免疫小子**成功擊退病毒黨！

「看樣子待不下去了，乾脆讓阿守打噴嚏，趁機到妹妹身上吧！」
病毒黨開始在阿守的鼻子裡搔癢作怪。

搔癢 搔癢

哈——哈——哈——

看我的口罩腰……
糟糕，來不及了！

「小愛有危險了！
對了，這時候就要使出那一招……」

「元氣超人防禦手勢！」

26

哈啾——

「咳嗽或打噴嚏的時候，
一定要像我們這樣，
彎曲手肘擋住自己的口鼻！」

「好險，差一點就把病毒傳染給妹妹了！
元氣超人，謝謝你們。」
阿守說了謝謝，這時阻隔俠發言了：
「接下來，讓我們殲滅剩下的病毒黨，澈底掃蕩。
阿守，你看那邊！」
阿守順著阻隔俠的手指方向看過去……

這回，終於輪到神祕王牌開心俠上場了。

「開心俠，你在做什麼？好好笑哦！」
阿守和小愛哈哈大笑。

「開心俠，
向他們解釋一下吧！」

「我的終極武器就是快樂！當我們哈哈大笑，腦袋感覺『好開心』的時候，快樂感會傳到身體每個角落，增加對抗病毒黨的**免疫小子**數量。」

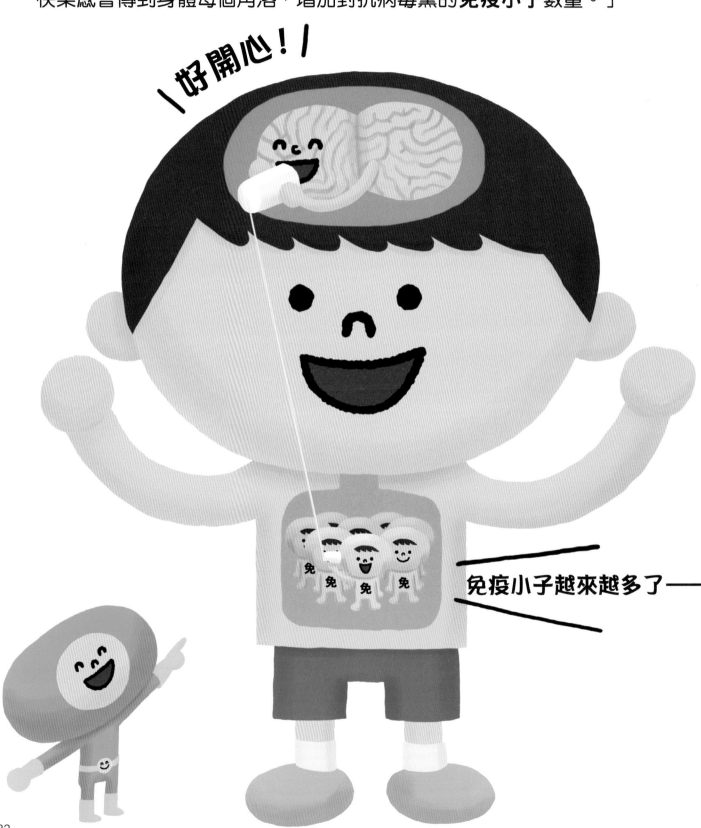

「這麼一來，我們的身體就能打敗更多的病毒黨！
笑的威力真是驚人，對吧！」

靠著元氣超人的幫助，
病毒黨終於撤退了！

「爸爸！打噴嚏或咳嗽的時候，一定要像我們這麼做哦！」
「好，爸爸知道了！」
如今阿守和小愛也是元氣超人的好夥伴呢！

想知道多一些

我們要如何戰勝病毒

 解說　岡田晴惠 老師

　　讀完了繪本，孩子有什麼感想呢？是否已經知道如何對抗病毒了？病毒雖然可怕，但只要擁有正確的知識，採取對的做法，就可以預防感染，保護自己和家人、朋友的安全。在這個解說單元裡，我會更加詳細說明什麼是病毒、什麼是傳染病，以及如何預防。

　　前面的故事雖然以公園為舞臺，卻是劇情上的設定而已，只要落實預防措施，公園就不會是危險的地方，而且就算是在家裡或學校，也要好好跟著元氣超人一同對抗病毒，預防感染唷！

什麼是傳染病？

　　有些微生物進入人類或動物體內，就會引發各種疾病，我們稱這些微生物為「病原體」。病原體在體內大量繁殖叫做「感染」，因為感染而引發的疾病，就是「傳染病」了。病原體依照大小和性質的不同，還可以區分為「細菌」、「病毒」、「真菌」和「寄生蟲」等，本書的重點是如何預防由「病毒」所引起的傳染病。

什麼是病毒？

　　病毒和細菌不一樣，無法單獨靠自己的力量增加同伴，必須以其他生物為宿主，靠著在宿主的細胞裡用複製自己的方式來繁衍。也就是說，當病毒進入動物的體內，就會不斷繁殖，進一步操控宿主體內的細胞，一邊破壞身體機能，一邊增加同伴。

　　而且這樣的狀況不會只發生在單一個體裡，當病毒大量繁殖後，會有一些病毒轉移進入其他人或動物的身體裡，就這樣病毒由動物傳染給人，或是由人傳染給人，讓感染人數越來越多。

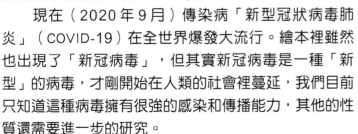

什麼是新冠病毒？

　　現在（2020 年 9 月）傳染病「新型冠狀病毒肺炎」（COVID-19）在全世界爆發大流行。繪本裡雖然也出現了「新冠病毒」，但其實新冠病毒是一種「新型」的病毒，才剛開始在人類的社會裡蔓延，我們目前只知道這種病毒擁有很強的感染和傳播能力，其他的性質還需要進一步的研究。

　　在新型冠狀病毒的疫情受到控制之前，我們的生活方式將會和過去有很大的不同。

什麼是突變？

　　病毒為了繁殖，會在動物的體內複製自己，但有時複製會出錯，產生出另外一種不同特性的病毒，就稱作「突變」，例如流感病毒很常發生突變，新冠病毒最近也出現了突變種。

傳染途徑

　　病原體由一個人傳播到另一個人的移動方式稱作「傳染途徑」，只要能夠掌握傳染途徑，就能夠預防病原體進入體內，避免感染。以下列出主要的傳染途徑：

・飛沫傳染

受病毒（或細菌）感染的人，在咳嗽、打噴嚏或說話時，噴出來的口水或鼻水裡會帶有病原體，其他人一旦接觸就容易生病。

・空氣傳染

病原體飄在空氣中，容易因吸入而致病。

・接觸傳染

用沾著病原體的手或其他部位，觸摸眼睛、鼻子、嘴巴等處的黏膜，病原體就會進入體內。

・經口傳染

一旦吃了受病原體汙染的食物，病原體就會長驅直入體內。

如何預防

　　不管是哪一種傳染病，最重要的都是「預防」而非治療，繪本裡的元氣超人也提到了一些方法，大家一定要特別注意。

・保持雙手清潔

經常使用肥皂洗手，或以酒精消毒。

・和他人保持社交距離

室內保持 1.5 公尺；室外保持 1 公尺距離。

（就算是在學校裡面，也要盡量拉開間隔，依照傳染

等級的不同，盡量在 1 公尺以上。）

最後一頁還有洗手的方法，
一定要好好記住！

・在室內打開窗戶，保持空氣流通

・不要隨便碰觸自己的眼睛、鼻子、嘴巴

有時會在不知不覺中觸摸到，所以要經常洗手。

・身邊的東西和隨身用品要經常消毒

例如家裡的門把、遙控器、手機、平板電腦等很多人會經常碰觸的東西，要不時用酒精消毒。

- ## 戴口罩

  口罩不僅可以防止自己身上的病原體傳染給別人，也可以防止來自他人的飛沫傳染。沒有戴口罩時，如果想咳嗽或打噴嚏，應該要以面紙或手帕搗住鼻子和嘴巴。如果穿有長袖的衣服，也可以像26頁的「元氣超人防禦手勢」一樣，以手肘的內側搗住鼻子和嘴巴。

  ※戴口罩雖然可以減少將病毒傳染給他人的機會，但是只靠戴口罩並沒有辦法完全避免傳染，還是要配合保持社交距離和維持雙手乾淨衛生。

- ## 身體不舒服的時候不要外出

- ## 接受預防接種

  事先接種流感之類的傳染病疫苗，可以降低感染風險，即使感染，症狀也會較輕微。

什麼是免疫力？

　　即使病毒跑到了身體裡，也不見得一定會出現傳染病的症狀。

　　我們的身體都有「免疫力」，會攻擊異物（包含從體外侵入的細菌或病毒等病原體，以及體內自己產生的癌細胞等），守護健康。我們的身體裡到處都有免疫細胞，尤其是腸子裡特別多。因為病原體常常會隨著食物進入體內，腸子遭到病原體入侵的風險比較高，所以攻擊病原體的免疫細胞大多聚集在這裡。

　　只要身體裡的免疫細胞發揮作用，攻擊進入體內的病原體，就可以減少罹患傳染病的機會，即使罹患了也不會太嚴重，這就是提高「免疫力」的效果。

- ## 如何提高免疫力

  多運動、飲食注重營養均衡、睡眠充足，以及多泡澡。

　　此外，就像綠色元氣超人開心俠所說的，「笑口常開」也是提高免疫力的重要條件。據說當我們在笑的時候，身體裡面控制免疫系統的細胞會變得活躍。

出現症狀了，怎麼辦？

　　如果出現發燒、喉嚨痛、呼吸困難、腹瀉嘔吐……等症狀，感覺身體不太正常的時候，有可能是感染了傳染病。

· 只要有感染的可能，就立刻到醫院接受檢查。
　※在傳染病爆發流行的時候，隨便外出可能會把病原體傳染給別人，此時，可以打電話給附近的診所或醫療機構，詢問該怎麼做比較好。

· 如果家人之中有人出現症狀，為了避免其他人遭到傳染，出現症狀的人暫時不要和其他家人睡在同一間房間裡。如果病人需要照顧，家人之間要先商量好，只由一個人負責照顧，而且這個人必須隨時配戴口罩，每次照顧完之後就要洗手。另外，毛巾和杯子也不可以共用。

· 感染諾羅病毒或新冠病毒的人，糞便會含有大量的病毒，因此一定要確實做好消毒的工作，避免直接碰觸。

什麼是疫苗？

　　治療由病毒所引起的傳染病有兩種方法，一種是使用抗病毒藥物（抑制病毒繁殖的藥物），適合用來對付流感之類的病毒，另一種則是使用減緩症狀的藥物。而所謂的疫苗，是利用身體的免疫機制，將衰弱或壞死的病毒放入身體裡，讓身體對這種病毒產生免疫力。如此一來，當真正感染的時候，病毒無法在體內大量繁殖，能夠降低發病的風險，就算發病了也不會太嚴重。

　　同樣是病毒所引起的傳染病，有些會像流感一樣每年流行，有些則會像新冠肺炎一樣突然爆發大流行。新冠病毒由於是「新型」的病毒，還隱含著許多不為人知的性質，如今全世界的研究人員和專家都在思考預防的對策，醫療人員也在摸索著治療的方法。

　　我們能做的事情，就是盡可能不要被感染，也不要傳染給別人，請確實做到這兩點，更重要的是學會關於如何預防傳染病的正確知識，請把繪本中的知識教給你的家人和朋友，讓大家都擁有這個活在現代社會不可或缺的能力。

文・圖／上田滋子

出生於日本東京都。東京設計專門學校插畫科畢業。曾經在設計事務所擔任插畫家兼圖像設計師，其後成為自由工作者，開始承接插畫和繪本的工作。繪本作品有「紅蘿蔔忍者」系列和《小小小小內褲》（大日本圖書）、「找回時鐘的3」系列（Froebel館）。

監修／岡田晴惠

醫學博士。專業領域為傳染病學、公共衛生學、免疫學和疫苗學。曾任日本國立傳染病研究所研究員、日本經濟團體聯合會21世紀政策研究所資深顧問，現為白鷗大學教育學系教授。作品有《對抗病毒小圖鑑：遠離細菌、病毒、真菌，避免感染，保護自己！》（瑞昇）、《一定要知道的傳染病：資深防疫專家教你守護健康》（快樂文化）。

翻譯／李彥樺

日本關西大學文學博士，曾任私立東吳大學日文系兼任助理教授，譯作涵蓋科學、文學、財經、實用書、漫畫等領域，在小熊出版有「NHK小學生自主學習科學方法（全套3冊）」、「AI人工智慧的祕密（全套3冊）」、《全面啟動大腦學習認知力：兒童精神科醫師專業打造訓練遊戲》。

審訂／洪慧敏

現任橙安親子診所副院長。曾任土城醫院兒童感染科醫師，經歷完整兒科和感染科訓練。身為二寶媽，樂於分享在疫情時代下的各種防疫育兒經。

國家圖書館出版品預行編目(CIP)資料

對抗病毒不能輸：即刻出動！元氣超人防衛隊/上田滋子文.圖；李彥樺翻譯. -- 初版. -- 新北市：小熊出版：遠足文化事業股份有限公司發行, 2021.09
40面；21×25.7公分. -- (精選圖畫書)
ISBN 978-986-5593-92-6(精裝)

1.病毒學 2.通俗作品

369.74   110013709

精選圖書書

對抗病毒不能輸：即刻出動！元氣超人防衛隊

文・圖：上田滋子｜監修：岡田晴惠｜翻譯：李彥樺｜審訂：洪慧敏（兒童感染科醫師）

總編輯：鄭如瑤｜主編：劉子韻｜美術編輯：李鴻怡｜行銷副理：塗幸儀

社長：郭重興｜發行人兼出版總監：曾大福
業務平臺總經理：李雪麗｜業務平臺副總經理：李復民｜海外業務協理：張鑫峰
特販業務協理：陳綺瑩｜實體業務協理：林詩富｜印務協理：江域平｜印務主任：李孟儒
出版與發行：小熊出版・遠足文化事業股份有限公司
地址：231 新北市新店區民權路 108-2 號 9 樓｜電話：02-22181417｜傳真：02-86671851
客服專線：0800-221029｜客服信箱：service@bookrep.com.tw
E-mail：littlebear@bookrep.com.tw｜Facebook：小熊出版
劃撥帳號：19504465｜戶名：遠足文化事業股份有限公司
讀書共和國出版集團網路書店：http://www.bookrep.com.tw
團體訂購請洽業務部：02-22181417 分機 1132、1520

法律顧問：華洋國際專利商標事務所／蘇文生律師｜印製：凱林彩印股份有限公司
初版一刷：2021 年 9 月｜定價：330 元｜ISBN：978-986-5593-92-6

小熊出版讀者回函　小熊出版官方網頁

元氣超人教教我

打倒病毒黨的正確洗手方法

❶ 用水沾溼手。

❷ 在手掌上放一些泡泡。

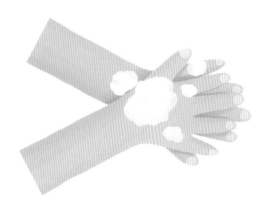

❸ 手心搓一搓。

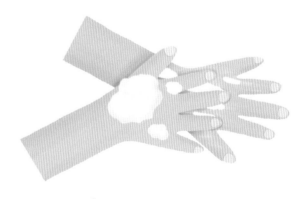

❹ 手背搓一搓。

❺ 手指之間的縫細也要搓一搓。

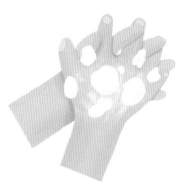

❻ 別忘記手指指節和手背的清潔。